Jagveer Singh

Melhoria da qualidade da goiaba com sulfato de zinco e ácido giberélico

Jagveer Singh

Melhoria da qualidade da goiaba com sulfato de zinco e ácido giberélico

ScienciaScripts

Imprint

Any brand names and product names mentioned in this book are subject to trademark, brand or patent protection and are trademarks or registered trademarks of their respective holders. The use of brand names, product names, common names, trade names, product descriptions etc. even without a particular marking in this work is in no way to be construed to mean that such names may be regarded as unrestricted in respect of trademark and brand protection legislation and could thus be used by anyone.

Cover image: www.ingimage.com

This book is a translation from the original published under ISBN 978-3-659-87606-6.

Publisher:
Sciencia Scripts
is a trademark of
Dodo Books Indian Ocean Ltd. and OmniScriptum S.R.L publishing group

120 High Road, East Finchley, London, N2 9ED, United Kingdom
Str. Armeneasca 28/1, office 1, Chisinau MD-2012, Republic of Moldova, Europe
Managing Directors: Ieva Konstantinova, Victoria Ursu
info@omniscriptum.com

Printed at: see last page
ISBN: 978-620-2-60783-4

EFEITO DO SULFATO DE ZINCO E DO ÁCIDO GIBERÁLICO NO RENDIMENTO E NA QUALIDADE DA GUAVA (*Psidium guajava L.*) cv. ' Allahabad Safeda'

JAGVEER SINGH

ÍNDICE

INTRODUÇÃO

A goiaba (*Psidium guajava* **L.**) pertence à família 'Myrtaceae', originária da América tropical e é uma árvore de fruto subtropical, resistente e perene. A "maçã dos trópicos" é um dos frutos mais comuns na Índia. Afirma ser o quarto fruto mais importante em termos de área e produção, depois da manga, da banana e dos citrinos. Atualmente, é amplamente cultivada em todas as regiões tropicais e subtropicais, tendo-se tornado o mais comum dos frutos subtropicais recentemente introduzidos em Israel. Os registos sugerem que tem sido cultivada na Índia desde o início do século XVII e que gradualmente se tornou uma cultura de importância comercial.

A goiaba produzida na região de Allahabad, na U.P., é a melhor do mundo em termos de qualidade **(Chadha, 2001).** É altamente tolerante a solos alcalinos e salinos e pode ser cultivada com sucesso mesmo até pH 8,5, pode suportar a temperatura máxima de 46 ^{0}C, mesmo com precipitação escassa de menos de 25 cm.

A goiaba é uma das mais baratas e uma boa fonte de vitamina C e pectina. Os frutos maduros contêm 86,9% de humidade, 19,3% de matéria seca, 0,76% de cinzas, 0,40% de gordura bruta, 1,13% de proteína bruta e 6,2% de fibra bruta, mas a sua composição varia muito com as cultivares, o estádio de maturação e a estação do ano **(Ghosh e Chattopadhyay, 1996).** Também contêm 8,2 a 10,5 ^{0}Brix de sólidos solúveis totais, 4,9 a 10,1 por cento de açúcares totais, 0,22 a 0,39 por cento de acidez e ácido ascórbico 260mg/ 100g de polpa de fruta **(Mitre, 1999)** com uma boa quantidade de ferro, cálcio e fósforo.

Os frutos da goiaba são consumidos frescos ou transformados sob a forma de produtos como compota, geleia, néctar e bebidas RTS de boa qualidade. Podem ser fabricados dois tipos de vinho, *nomeadamente* vinho de sumo de goiaba e vinho de polpa de goiaba, a partir de frutos maduros. As sementes contêm 5-13% de óleo, que é rico em ácidos gordos essenciais e pode ser utilizado em molhos para saladas. As folhas da goiabeira têm propriedades medicinais. São utilizadas na cura da diarreia e também para tingir e curtir.

No norte da Índia, a goiabeira floresce principalmente duas vezes por ano, em abril-maio, que dá a colheita na estação das chuvas, enquanto a floração de agosto-setembro dá a colheita da estação do inverno. Em Maharashtra e Tamil Nadu, há uma terceira colheita com flores que aparecem em outubro-novembro. A frutificação natural da goiaba é bastante elevada (80-86%), dos quais apenas 34-36% atingem a maturidade.

A colheita de goiaba da estação das chuvas é áspera, insípida, de má qualidade, menos nutritiva e é atacada por vários insectos-praga e doenças. Por outro lado, a colheita da estação de inverno é de qualidade superior, isenta de pragas e doenças e tem um longo período de armazenamento. Precisa ainda de ser melhorada em termos de valor nutritivo, valor de mercado e procura, de modo a obter um preço mais elevado no mercado, em comparação com a cultura da estação das chuvas

Nesta era moderna, a utilização de reguladores de crescimento das plantas está a tornar-se bastante popular no domínio da horticultura. Os reguladores de crescimento das plantas desempenham um papel significativo em muitos fenómenos fisiológicos. Os reguladores de crescimento das plantas têm sido amplamente utilizados na indústria frutícola. São utilizados na propagação vegetativa, na indução artificial da ausência de sementes, no aumento da frutificação, na prevenção da queda antes da colheita, na regulação da floração, no tamanho do fruto, na inibição do crescimento, no desbaste da flor e do fruto. Vários tipos de reguladores de crescimento de plantas como NAA, 2,4-D, 2,4,5-T, GA3 e TIBA são utilizados para melhorar a floração, a frutificação, o tamanho e a qualidade dos frutos, bem como o rendimento.

Recentemente, observou-se que a aplicação foliar do regulador de crescimento vegetal (GA3) exerceu um efeito favorável sobre os caracteres físico-químicos dos frutos de goiaba aquando da colheita **(Kher *et al.*, 2005).** Os micronutrientes, como o zinco, desempenham um papel importante no crescimento e desenvolvimento de frutos, legumes e cereais. É um dos elementos essenciais para a formação de clorofila e, por conseguinte, útil para a atividade fotossintética. O zinco é um constituinte de algumas enzimas e participa possivelmente na síntese do ácido indole-acético nas plantas. Na Índia, a agricultura é a base comum da economia rural e a fruticultura é um dos seus aspectos comerciais mais importantes. Por conseguinte, um agricultor tem necessidade urgente de obter todos os métodos possíveis para aumentar a produção de frutos com êxito.

Tendo em conta o facto acima referido, a presente investigação foi realizada para estudar o "Efeito do sulfato de zinco e do ácido giberélico na qualidade e no rendimento da goiaba (*Psidium guajava* L.) cv. Allahabad Safeda com os seguintes objectivos:

1. Estudar o efeito de ZnSo4 e GA3 na produção de frutos de goiaba da estação de inverno.
2. Descobrir o efeito de ZnSo4 e GA3 na qualidade dos frutos de goiaba da época de inverno.

REVISÃO DA LITERATURA

A aplicação de micronutrientes e hormonas ganhou importância para aumentar a qualidade e o rendimento dos frutos. Esta aplicação baseia-se principalmente no facto de serem diretamente absorvidos pelas folhas e pelos frutos, atingindo assim o local do metabolismo. Vários investigadores têm-se esforçado por avaliar o efeito dos nutrientes e das hormonas em diferentes culturas frutícolas. A literatura relevante sobre o efeito do sulfato de zinco e do ácido giberélico na qualidade e no rendimento dos frutos da goiaba (*Psidium guajava* L.) cv. Allahabad Safeda foi brevemente analisada sob os seguintes títulos.

2.1 Efeito do sulfato de zinco na qualidade e no rendimento dos frutos:

Hoda et al. (1975) pulverizaram sulfato de zinco na árvore de lichia e relataram que 1,0 por cento de sulfato de zinco foi eficaz no aumento do volume de frutos.

Rajput e Chand (1976) defenderam o aumento do peso, comprimento e diâmetro dos frutos de goiaba através da pulverização pré-floral de 0,3 por cento de sufato de zinco.

Singh e Rajput (1976) relataram que a aplicação foliar de 0,2, 0,4, 0,6 e 0,8 por cento de sulfato de zinco melhorou significativamente o crescimento vegetal e o tamanho dos frutos de manga em comparação com o controlo.

Dixit e Jindal (1977) observaram que a pulverização foliar de 1,0 por cento de sulfato de zinco em setembro nos frutos de Kinnow, aumentou os sólidos solúveis totais, o ácido ascórbico e o açúcar total em comparação com a pulverização com água.

Yamdagni et al. (1979) observaram que a aplicação foliar de 0,2 por cento de sulfato de zinco pulverizado uma semana antes da floração e novamente na fase de plena floração, aumentou a largura do cacho nas uvas e aumentou os sólidos solúveis totais, melhorando os rendimentos. cv Thompson Seedless.

Sidhu et al. (1980) registaram um aumento do tamanho, do peso fresco dos frutos, dos sólidos solúveis totais e uma redução da percentagem de acidez devido à aplicação de zinco nos frutos de pêssego.

Raturi et al. (1981) relataram que a pulverização foliar de 0,2 por cento de sulfato de zinco aumentou a produção de citrinos cv. Pine apple.

Singh e Chhonkar (1983) aplicaram Zn (0,4%) e boro (0,2%) na primeira semana de janeiro, fevereiro e março em árvores de 15 anos da cv. Allahabad Safeda. Verificaram que a pulverização de zinco (0,4%) aumentou o tamanho, o peso dos frutos, o TSS, o teor de açúcar redutor e não redutor e de ácido ascórbico e reduziu o teor de acidez.

Chaitnya (1984) observou que a pulverização de nutrientes minerais melhorou o tamanho, a cor, a textura, o sabor e o aroma dos frutos de goiaba na colheita.

Monsour e El-Sled (1985) observaram que a aplicação pré-colheita de sulfato de zinco a 0,5, 1,0% aumentou a frutificação, reduziu a queda pré-colheita, aumentou o TSS, o açúcar total, o teor de ácido ascórbico e reduziu o teor de ácido, melhorou o rendimento da goiaba.

Khera *et al.* (1985) relataram que a pulverização foliar de 0,4 por cento de sulfato de zinco três vezes por ano, no mês de março, melhorou a qualidade da fruta em Citrus cv. Blood red.

Mann *et al.* (1986) observaram que a pulverização foliar de 0,5 por cento de sulfato de zinco aumentou o peso do fruto e diminuiu o teor de acidez no pêssego.

Shukla *et al.* (1987) observaram que a aplicação foliar combinada de nitrogénio (1,0% de ureia), cobre (0,5%) e zinco (0,05%) se mostrou mais eficaz no que diz respeito ao crescimento e à qualidade dos frutos da linha kagzi. em comparação com a sua aplicação individual.

Kumar *et al.* (1998) relataram que a pulverização de 0,2 por cento de sulfato de zinco na fase de plena floração aumentou significativamente o comprimento da baga na uva cv. Gold.

Sharma *et al.* (1991) relataram que a aplicação foliar de sulfato de zinco a 0,2 ou 0,4 por cento no início da floração e a 50 por cento da frutificação, melhora o peso do fruto, T.S.S. e reduz o teor de acidez, e aumenta o rendimento da goiaba.

Pandey *et al.* (1990) referiram que a gravidade específica dos frutos da bérberis cv. Banarasi Karaka diminuiu acentuadamente até 45 dias após a frutificação e depois estabilizou até a colheita.

Ghanta e Dwivedi (1993) observaram que a pulverização foliar de 0,3 por cento de zinco, 0,1 por cento de cobre e 0,2 por cento de bórax melhorou a qualidade da fruta (T.S.S., açúcar total, açúcar redutor, teor de ácido ascórbico) na banana cv. Giant.

Ali *et al.* (1993) observaram que nutrientes minerais como ureia 2 por cento, sulfato de potássio 1 por cento, sulfato de zinco 0,4 por cento e ácido bórico 0,2 por cento foram aplicados em três pulverizações foliares, uma antes do fluxo, a segunda nos frutos e a terceira, três semanas após a frutificação, melhorou a qualidade dos frutos, nomeadamente, sólidos solúveis totais, ácido ascórbico, total e reduzindo o conteúdo de açúcar nos frutos de goiaba.

Sindhu *et al.* (1994) relataram que 0,5 por cento de sulfato de zinco foi considerado o mais eficaz m aumentar os sólidos solúveis totais e diminuir a acidez na uva cv. Palette.

Chaitanya *et al.* (1997) relataram que a alimentação foliar de 0,3 por cento de sulfato de zinco e bórax aumentou o comprimento e o diâmetro dos frutos e melhorou o rendimento da goiaba cv. Lucknow-49.

Singh e Vashishtha *(1997)* relataram que a pulverização de 0,5 por cento de sulfato de zinco e 0,5 por cento de bórax foram mais eficazes para melhorar a qualidade de frutos de baga cv. Seb.

Kundu e Mitra *(1999)* verificaram que a qualidade da goiaba em termos de T.S.S., açúcar total e relação açúcar/ácido dos frutos e declínio da acidez dos frutos era mais elevada com a aplicação foliar de 0,3% de zinco, seguida de 0,1% de boro, enquanto o teor de ácido ascórbico era mais elevado com a pulverização de cobre (0,3%) + boro (0,1%) + zinco (0,3%)

Singh e Brahmachari (1999) observaram que a qualidade da fruta, conforme evidenciado pelo T.S.S., teor de açúcar e teor de ácido ascórbico da polpa da fruta, foi acentuadamente melhorada pela aplicação de zinco e boro em frutos de goiaba cv. Allahabad Sefada.

Das *et al.* **(2000)** observaram que a pulverização de 0,5 ou 1,0 por cento de sulfato de zinco 25-27 dias após a frutificação aumentou o peso, o volume e o tamanho dos frutos da goiaba.

El-Sherif *et al.* **(2000)** concluíram que o tratamento com sulfato de potássio a 1 por cento, 2 por cento ou 3 por cento e sulfato de zinco a 0,5 por cento, 1 por cento ou 2 por cento aumentou os sólidos solúveis totais, o ácido ascórbico, os açúcares redutores e totais com redução do teor de acidez dos frutos de goiaba.

Hasan e Jana (2000) descobriram que a aplicação foliar de 1,0 por cento de sulfato de zinco, aumentou significativamente o T.S.S., açúcar total, açúcar redutor e reduziu o teor de acidez em litchi cv. Bombai.

Ghash e Besrai (2000) também estudaram o efeito do boro (0,2%), zinco (0,5%) e ferro (0,4%) para avaliar o seu efeito na qualidade da laranja doce cv. Mosambi. O tratamento melhorou significativamente o sumo, o T.S.S., os açúcares totais e o teor de vitamina 'C' da fruta.

Singaram e Prabhu (2001), trabalhando com uvas, registaram um aumento significativo do T.S.S., dos açúcares redutores e não redutores e da relação açúcar/ácido com a aplicação de 20 g de ZnSO4 por videira.

Singh (2002) relatou que a pulverização de zinco, isoladamente ou em combinação com outros nutrientes, resultou num aumento significativo do rendimento da Anola cv. NA-10 em comparação com o controlo.

Kumar *et al.* **(2004)** relataram que em litchi cv. Dehradun pulverização foliar de Zn (0.5%, 1.0%), B (0.4%, 0.6%), Cu (0.5%, 1.0%), NAA (15mg 1-1) aumentou significativamente o peso do fruto (22,26g/fruta).

Yadav *et al.* **(2004)** observaram o efeito das pulverizações de ZnSO4 (0.2, 0.4, 0.6, 0.8%), e FeSO4 (0.2, 0.4, 0.6, 0.8%) juntamente com o controlo nas caraterísticas químicas do morango cv. Chandler. O teor de T.S.S. (9,58^0 Brix) foi significativamente máximo com a pulverização de Zn a 0,4%.

2.2 Efeito do ácido giberélico na qualidade e no rendimento dos frutos:

Yadav e Pandey (1974) observaram que a aplicação de AG produzia cachos soltos com um aumento máximo do peso do cacho no sulco sem deteriorar a qualidade do fruto.

Singh *et al.* (1977) relataram que os frutos de manga foram encontrados com peso aumentado pela aplicação de GA, NAA e 2,4,5-T cada um na concentração de 50,100 e 250 ppm.

Singh e Shukla (1978) trataram o pericle de nêspera cv. Golden Yellow melhorada com GA *20-60* ppm na fase de plena floração no final de novembro e obtiveram os melhores resultados e melhoraram o T.S.S., o ácido ascórbico, o açúcar total e a redução da acidez do fruto com todos os tratamentos.

Kumar e Hoda (1978) observaram que, em goiabeiras de Allahabad Safeda e Lucknow-49, a pulverização de GA a uma concentração de 100-200 ppm melhorou a qualidade dos frutos, como o ácido ascórbico, o açúcar total e o T.S.S.

Stino *et al.* (1980) relataram que quando limoeiros do Egito foram pulverizados com 50 ou 100 ppm de GA3, 55 ou 93 dias após a queda das pétalas. Todos os tratamentos aumentaram o tamanho e o peso dos frutos. O tratamento precoce com GA3 não afectou a cor, mas o tratamento tardio, especialmente a 50 ppm, atrasou consideravelmente a perda de clorofila. Tanto o tratamento precoce como o tardio aumentaram o teor de sumo. A acidez total não foi afetada pelo tratamento precoce com GA3, mas o tratamento tardio a 50 ppm reduziu-a.

Singh e Singh (1981) pulverizaram 300 mg de NAA/litro ou 15 mg de GA3/litro em mandarinas Kaula uma vez em agosto, setembro e outubro. O tratamento com GA resultou num aumento de 30 por cento no peso do fruto em relação ao controlo, nas percentagens mais elevadas de polpa (75,3) e sumo (56,8) e nas percentagens mais baixas de casca ⁽24,7) e de trapo (18,6), e aumentou o T.S.S. em 15,6 por cento e os açúcares totais em 23,5 por cento em relação ao controlo.

Bagde e Kandalkar (1981) relataram que a aplicação de GA 50,100 ppm e NAA 40, 80 ppm na fase de plena floração melhorou a qualidade dos frutos de goiaba.

Singh *et al.* (1982) observaram um aumento no comprimento, diâmetro e peso dos frutos e um aumento do teor de T.S.S, pectina e vitamina 'C' na baga cv. Banarasi Karaka, quando pulverizado com GA3 a 40 e 50 ppm.

Rajput e Singh (1983) relataram um ensaio de dois anos em mangueiras de 15 anos de idade da cv. Dasehari foram tratadas com 3 ou 6 por cento de ureia e 1 e/ou GA3 a 15 ou 30 ppm no dia 5 [th] e novamente no dia 20 [th] de janeiro. A frutificação (62,8%), a retenção de frutos (3,17%) e o rendimento / panícula (265,4 g) foram mais elevados na árvore tratada com 6 por cento de ureia + 30 ppm GA3.

Singh e Chauhan (1984) aplicaram vários reguladores de crescimento a árvores de 12 anos de idade de Citrus cv. Dancy, 3 vezes em intervalos mensais a partir de meados de agosto e descobriram que o tratamento com GA3 a 200 ppm, NAA a 200 ppm, 2,4-D a 30 ppm ou 2,4,5-T a 20 ppm reduziu significativamente a incidência de granulação, aumentou o peso do fruto e a percentagem de sumo e diminuiu a percentagem de casca.

Singh (1986) referiu que 60 ppm de GA pode ser utilizado para melhorar o tamanho e a qualidade dos frutos de goiaba da estação das chuvas, seguido de 40 ppm de GA e 60ppm de NAA.

Gill *et al.* (1987) trataram uvas Thompson Seedless com várias concentrações de GA3 e verificaram que 50 ppm de GA3 produziram o peso máximo do cacho, o comprimento do cacho, a largura do cacho e o peso do bago.

Banker e Prasad (1990) pulverizaram árvores de oito anos de idade de *Zizyphus mauritiana* cv. Gola com GA3 e NAA a 10, 20 e 30 ppm, um ou em combinação na floração e novamente 15 dias depois. A frutificação e a retenção de frutos foram aumentadas por todos os tratamentos em comparação com o controlo pulverizado com água. O peso e o comprimento dos frutos foram significativamente aumentados por GA3 ou NAA a 30ppm O conteúdo de T.S.S. foi aumentado por GA3 mas não por NAA.

Masalkar e Wavhal (1991) pulverizaram plantas de Ber com NAA e GA3 (10 e 20 ppm) uma vez e em várias combinações. O peso, volume, percentagem de polpa, açúcar não redutor e ácido ascórbico mais elevados e a percentagem de caroço mais baixa dos frutos foram obtidos apenas com GA3.

Brahmachari *et al.* (1995) NAA,PCPA, 2,4,5-T (cada um a 25 ou 50ppm), GA3 (50 ou 100 ppm), Kinetin (20 ou 40 ppm) ou CCC (250 ou 500 ppm) foram aplicados em 2 pulverizações foliares (uma antes da floração e outra um mês após a frutificação) em goiabeiras de 6 anos, cv. Sardar. Todos os tratamentos melhoraram a frutificação, o peso e a qualidade dos frutos.

Singh e Singh (1995) relataram que num ensaio de 2 anos numa árvore com 20 anos de idade, o comprimento do rebento terminal, o número de folhas, a área foliar total/ rebento e o rendimento foram aumentados (em comparação com os controlos tratados apenas com surfactante de água) pela aplicação de 4% de ureia + 2% de superfosfato + 100ppm GA3 na primavera e nas estações chuvosas de ambos os anos.

Brahmachari *et al.* (1996) relataram que a aplicação de NAA, PCPA, 2,4,5-T (cada um a 25 ou 50ppm), GA (50 ou 100pm), Kinetin (20 ou 40 ppm) e CCC (250 ou 500 ppm) como pulverização antes da floração e após a frutificação em árvores de goiaba cv. Sardar de 6 anos de idade foram investigadas todas as substâncias de crescimento aumentaram a floração, a produção e a qualidade dos frutos.

Rao (1997) pulverizou 100ppm GA3 duas vezes aos 25 dias e 50 dias após o disparo, o que resultou num aumento de 32,5 por cento, 23,9 por cento e 16,98 por cento no que diz respeito ao comprimento, perímetro e peso dos rebentos da bananeira, respetivamente.

Kumar *et* al. (1998) verificaram o efeito do azoto, do potássio, do zinco e do ácido giberélico nos caracteres que atribuem rendimento e no rendimento da goiaba cv. Allahabad Safeda cultivada num solo ácido. O nitrato de cálcio e amónio (CAN) + 150ppm GA3 melhorou significativamente o número de flores, a frutificação, a retenção de frutos, o tamanho dos frutos, o peso dos frutos e a produção durante ambos os anos. Outros tratamentos que apresentaram melhores respostas foram CAN + 100 ppm GA3 e CAN + 1,5% ZnSO4.

Kale *et al.* (1999) pulverizaram bérberis de sete anos de idade cv. Umran com GA3 e NAA (10 e 20 ppm) um e em combinação até 60 dias após a plena floração, em alguns tratamentos uma segunda pulverização foi dada 30 dias após a primeira pulverização. Foi relatado que a retenção de frutos e a produção aumentaram com 20ppm GA3 e NAA. Enquanto que o açúcar redutor e o açúcar total foram máximos com 10ppm GA3. A combinação de tratamentos de GA3 e NAA não foi muito eficaz.

Pandey (1999) pulverizou ber cv. Banarasi Karaka no estágio de ervilha com NAA a 5,10,15 ou 20 ppm e GA3 a 5,10 ou 15 ppm e descobriu que a aplicação de 20 ppm de NAA e 15 ppm de GA3 resultou na maior retenção de frutos, enquanto GA3 a 15 ppm aumentou o tamanho, peso, volume e rendimento total dos frutos. A qualidade dos frutos em termos de percentagem de polpa, teor de T.S.S, acidez e teor de ácido ascórbico foi melhor com 15 ppm de GA3.

Kale *et al.* (2000) realizaram uma experiência em oito cultivares *de Z. mauritiana* com GA3 e NAA. Verificaram que a diminuição máxima do peso do caroço foi registada com 10 ppm de NAA. Aumento no peso do fruto, tamanho do fruto, sólidos solúveis totais e açúcar redutor e redução no conteúdo de ácido foram observados com 20 ppm GA3 do que outros tratamentos.

Jonson *et al.* (2001) referiram que a poda do tronco e a escovagem dos cachos, em combinação com o ácido giberélico, resultaram numa melhoria da qualidade das uvas, uma vez que aumentaram o tamanho dos bagos, o T.S.S. e o açúcar redutor e reduziram a percentagem de bagos partidos e o teor de ácido.

Singh e Randhawa (2001) referiram que o GA3 a 60 ppm registou a queda de frutos, a maior frutificação e rendimento em baga cv. Umran.

Yadav *et al.* (2001) aplicaram foliarmente reguladores de crescimento, ou seja, NAA (20, 40 e 60 ppm), GA (50, 100 e 150 ppm) e etherel (50, 75 e 100 ppm), em goiabeiras de 15 anos (*Psidium guajava* L.) cv. L-49 na altura em que o tamanho do fruto era maior do que o da noz. O NAA e o GA aumentaram o peso do fruto, enquanto o etherel o reduziu.

Yadav *et al.* (2004) relataram que a pulverização foliar de GA3 (15, 30 e 45 ppm), zinco (0,2%, 0,4%, 0,6%) e ferro (0,2%, 0,4%, 0,6%), juntamente com o controlo das caraterísticas químicas dos frutos de baga cv. Banarasi Karaka, aumentou o T.S.S. (18,93 ^{0}Brix). O açúcar total (9,93%) foi significativamente máximo com a pulverização foliar de GA3 a 30 ppm.

Kher *et al.* (2005) relataram que a aplicação única de GA3 (30, 60, 90 e 120 ppm) e CCC (300, 600, 900 e 1200 ppm) pulverizada 30 dias antes da colheita e a aplicação única de NAA (20, 40, 60 e 80 ppm) pulverizada 15 dias antes da colheita. As plantas de controlo foram pulverizadas apenas com água na goiabeira cv. Sardar. Os resultados mostraram que a aplicação foliar de reguladores de crescimento de plantas teve um efeito favorável sobre os caracteres físico-químicos da goiaba na colheita GA3 a 90 ppm pulverizado 30 dias antes da colheita foi identificado como o tratamento mais eficaz.

Singh e Tripathi. (2010) relataram que a aplicação foliar de GA3 (50, 75 e 100 ppm), ácido bórico (0,2, 0,3 e 0,4%) e sulfato de zinco (0,2, 0,4 e 0,6%) foram pulverizados nas plantas antes do início da brotação no morango cv. Chandler. Foram também determinados os teores de sólidos solúveis totais, açúcares totais e ácido ascórbico. Todos os tratamentos aumentaram significativamente os valores de todos os parâmetros de crescimento, rendimento e qualidade em comparação com o controlo não tratado. GA3 a 100 ppm, ácido bórico a 0,3% e sulfato de zinco a 0,4% foram identificados como os melhores tratamentos.

Khafagy et al. (2010) descobriram que a pulverização foliar com 4,0% de extrato de levedura combinado com 1,0% de sulfato de zinco foi mais eficaz na melhoria do rendimento total e do número de frutos, além de aumentar o peso, o comprimento e o volume dos frutos. Além disso, registou os valores mais elevados de qualidade dos frutos, que se assemelham ao aumento dos sólidos solúveis totais, ácido ascórbico e diminuição da acidez dos frutos. Os melhores resultados no que diz respeito ao rendimento e à qualidade dos frutos foram significativamente obtidos devido à pulverização com a combinação de (0,4% de levedura+1,0% de zinco) seguida, por ordem decrescente, por (0,4% de levedura+0,5% de zinco) e (0,2% de levedura+1,0% de zinco) na laranja Navel .

Singh et al. (2012) observaram que a aplicação foliar de sulfato de zinco (0,6%) e ácido bórico (0,5%) antes e depois da frutificação provou ser eficaz para aumentar a produção, o peso do fruto, o diâmetro (polar e radial), a gravidade específica, o T.S.S. e a acidez radical na goiaba.

Singh et al. (2009) relataram que a aplicação foliar de sulfato de zinco (0,5%) e ácido bórico (0,25%) provou a sua qualidade sublime no que diz respeito ao rendimento em relação ao controlo.

Awasthi e Lal (2009) observaram que a aplicação foliar de nitrato de cálcio a 1,0 e 1,5%, ácido bórico a 0,2 e 0,3%, sulfato de zinco a 1,5 e 2,0% e controlo (pulverização de água). Foram feitas duas pulverizações com intervalos de um mês, em 3 de setembro e 3 de outubro de 2004 e também em 3 de setembro e 3 de outubro de 2005. Cada goiabeira experimental foi pulverizada com 8 litros de solução. Em geral, o sulfato de zinco registou os valores mais elevados para o número de frutos por árvore, rendimento, comprimento do fruto, diâmetro do fruto e peso do fruto.

Lal et al. (2011) observaram que em cinco variedades de romã (Dholka, Bedana, Kandhari, Jyoti e G-137). Os tratamentos compreendem sulfato de cálcio (2000, 3000, 4000 ppm), GA3 (40, 80, 120 ppm), bórax (25, 50, 75 ppm) e controlo (água) e foram aplicados como aplicação foliar a 15 de maio (frutificação) e 15 de junho (fase de desenvolvimento ativo do fruto). A produção de frutos por árvore foi mais elevada com GA3 80 ppm, seguido de bórax 75 ppm, bórax 50 ppm e bórax 25 ppm, em comparação com o controlo.

Shukla et al. (2011) observaram que a aplicação foliar de bórax em dois níveis (0, 0,2 e 0,4%) e GA3 em cinco níveis (0, 50, 100, 150 e 200 ppm), aplicados como pulverização foliar em 1 de agosto. A aplicação combinada de B a 0,4% e GA3 a 150 ppm registou o comprimento máximo (4,86 cm), diâmetro (5,14 cm), peso (48,60 g), volume (44,45 cc), TSS (11,50 graus Brix), açúcar total (9,32%), ácido ascórbico (605 mg por 100 g de polpa) e acidez titulável mínima (2,01%) em Aonla.

Goswami et al. (2012) Observaram que o tamanho máximo dos frutos inclui comprimento, diâmetro e volume na goiaba (Psidium guajava L.) cv. Sardar com a aplicação foliar de sulfato de zinco (0,4%).

MATERIAL E MÉTODOS

O presente estudo, intitulado **"Effect of zinc sulphate and gibberallic acid on yi eld and quality of Guava (*Psidium guajava L.*) cv. Allahabad Safeda"** foi realizado no campo de Horticultura da Universidade de Agricultura e Tecnologia Narendra Deva, Kumarganj-Faizabad, durante o ano de 2012.

3.1 Local da experiência:

O local da experiência situa-se na Estação Experimental Principal, Departamento de Horticultura, Faculdade de Horticultura e Silvicultura, Universidade de Agricultura e Tecnologia Narendra Dev, Faizabad, Índia.

3.2 Dados meteorológicos:

O sítio experimental insere-se na zona climática subtropical da parte oriental da Índia, situada nas planícies indo-gangéticas a 26,47 N de latitude, 82,12 ^{0}E de longitude e a uma altitude de 113 metros do nível médio do mar. O distrito de Faizabad pertence à região oriental do Uttar Pradesh, que se distribui em três estações: chuvosa, inverno e verão. A estação das chuvas ocorre de meados de junho a meados de setembro, com uma precipitação média anual de 764,01 mm e uma humidade relativa de 66,76%. Os meses de inverno prevalecem de novembro a março, com temperaturas amenas a severas que variam entre 17,9 e 33,1^{0}C. A temperatura fria severa de 17,9 ^{0}C foi registada no mês de janeiro e, ocasionalmente, chuvas de inverno e geadas também foram observadas. Os meses de verão ocorrem de abril a junho com uma temperatura média de 39,2 a 41,4 ^{0}C. As ondas de vento seco e quente também foram registadas nos meses de meados de maio e junho. As condições meteorológicas prevalecentes durante o período do presente ensaio são apresentadas no quadro.

3.3 Temperatura, humidade relativa e precipitação.

Mês	Temperatura (^{0}C)			Humidade relativa (%)	Precipitação (mm)
	Máximo	Mínimo	Média		
agosto	32.0	26.2	29.1	80.4	284.4
setembro	31.6	24.9	28.25	81.4	203.0
outubro	32.1	18.9	25.5	70.3	00.0
novembro	28.4	10.6	19.5	66.6	00.0
dezembro	21.8	7.6	14.7	69.1	00.0
janeiro	18.2	5.4	11.8	68.8	00.0

3.4 Pormenores da experiência

A presente investigação foi planeada no R.B.D. Randomize block design com 7 tratamentos e 3 repetições.

Cultivar	: Allahabad Safeda
Projeto	: R.B.D.
Tratamento	: 7
Replicação	: 3
Unidade de tratamento	: Únicoárvore

3.5 (a) Nutrientes minerais e regulador de crescimento vegetal utilizados:- Para o

fornecimento de nutrientes minerais e regulador de crescimento vegetal foram utilizadas as seguintes fontes.

i)   Sulfato de zinco (ZnSO4)

ii)   Ácido giberélico (GA3)

3.4 (b) Concentração de tratamento e respectivos símbolos

Três concentrações de cada nutriente mineral e regulador de crescimento vegetal e tratamento foram simbolizados da seguinte forma

Concentração do tratamento	símbolos
Controlo (pulverização de água)	T1
Sulfato de zinco (0,2%)	T2
Sulfato de zinco (0,3%)	T3
Sulfato de zinco (0,4%)	T4
Ácido giberálico (50ppm)	T5
Ácido giberálico (100ppm)	T6
Ácido giberálico (150ppm)	T7

3.5 Material experimental

Plantas uniformes de goiaba (*Psidium guajava* L.) cv. Allahabad Safeda constituíram o material experimental para a presente experiência.

3.5.a) Foram utilizadas as seguintes concentrações e preparadas como indicado a seguir

Nutrientes/PGRs	g/litro	Total montante de Solução preparada	Solução
Sulfato de zinco	2,0 g/litro	10 litros	0.2%
Sulfato de zinco	3,0/litro	10 litros	0.3%
Sulfato de zinco	4,0 g/litro	10 litros	0.4%
Ácido giberélico	0,050 g/litro	10 litros	50ppm
Ácido giberélico	0,100 g/litro	10 litros	100ppm
Ácido giberélico	0,150 g/litro	10 litros	150ppm

Para preparar a solução de sulfato de zinco, dissolveu-se a água de cal sobrenadante por dissolução de cal hidratada e, para preparar a solução de ácido giberélico, dissolveu-se em quantidade mínima de álcool absoluto.

3.5 (b) Método de aplicação

A solução acima referida, com diferentes concentrações, foi pulverizada com um pulverizador de pé nas horas da manhã e as plantas selecionadas foram totalmente encharcadas e as plantas de controlo foram pulverizadas apenas com água.

3.6 (c) Data de apresentação do pedido:-.

A pulverização foi efectuada em 25 de novembro de 2012.

OBSERVAÇÃO A REGISTAR:

A.   Caracteres físicos dos frutos:

I. Comprimento e peso dos frutos de goiaba:

Foram colhidas cinco amostras de frutos para medir o comprimento e o peso dos frutos. O comprimento dos frutos foi registado com a ajuda de um compasso de calibre venire, enquanto o peso foi obtido com a ajuda de uma balança física. O comprimento e o peso médios dos frutos foram calculados e expressos em cm e gramas, respetivamente.

II.   Volume do fruto:

Depois de registar as observações relativas ao tamanho e ao peso dos frutos, o seu volume foi determinado pelo método de deslocamento de água e o volume médio dos frutos (cm^3) foi calculado.

III. Diâmetro do fruto:

O diâmetro de cinco frutos selecionados aleatoriamente de cada tratamento foi medido com a ajuda de um compasso de calibre venire e a média expressa em cm.

II.   Rendimento (Kg./Árvore):

O rendimento de cada tratamento foi registado após a colheita dos frutos no estádio de maturação comestível e expresso em kg/árvore.

II   I. Peso específico dos frutos:

A gravidade específica foi calculada dividindo o peso do fruto pelo seu volume, como indicado abaixo.

$$\text{Specific gravity} = \frac{\text{Weight of fruit}}{\text{Volume of fruit}}$$

B. Caracteres químicos dos frutos:

A composição química dos frutos da goiaba, no que diz respeito aos teores de sólidos solúveis totais (S.S.T.), açúcar, acidez e ácido ascórbico, foi determinada através da recolha de uma amostra do sumo extraído dos frutos.

I. Sólidos solúveis totais (S.S.T.):

Os frutos foram selecionados aleatoriamente de cada tratamento e macerados para obtenção de sumo. O sólido solúvel total (S.S.T.) do sumo foi determinado utilizando um refratómetro manual de 0-32 por cento de raiva. Os valores foram corretos a 20^0C e expressos como percentagem de S.S.T. do sumo de fruta.

II. Acidez:

A polpa de fruta de qualidade conhecida (5 g) foi macerada e diluída numa pequena quantidade de água destilada e filtrada através de um pano de musselina. O volume foi completado até 100 ml. Uma alíquota foi tomada para titulação contra solução de hidróxido de sódio (NaOH) 0,1% N usando fenolftaleína como indicador. O aparecimento de uma cor rosa claro foi marcado como o ponto final. Os resultados foram calculados com a ajuda da seguinte fórmula e expressos em gramas de ácido

$$Acidity = \frac{Titre\ value\ \times Normality\ of\ alkali\ \times 64\ \times Volume\ made\ up}{Aliquote\ taken\ \times volume\ of\ samle\ \times 1000} \times 100$$

cítrico por 100 g de polpa de fruta.

IV. Ácido ascórbico (Vitamina "C"):

O teor de ácido ascórbico foi estimado através da trituração de 5 g de polpa de fruta com 3,0 por cento de ácido metafosfórico como tampão. O extrato foi filtrado com um pano de musselina e foi feito um volume adequado. Uma alíquota adequada foi titulada contra uma solução de corante 2, 6 diclorofenol indofenóis até ao aparecimento da cor rosa claro. O resultado foi calculado com a ajuda da seguinte fórmula e expresso em mg de ácido ascórbico por 100 g de polpa de fruta (A.O.A.C., 1975).

$$Dye\ factor = \frac{0.5}{Titrable\ volume\ of\ standard\ ascorbic\ acid}$$

$$Ascorbic\ acid = \frac{Titre\ value \times Dye\ factor\ \times Volume\ made\ up\ \times 100}{Aliquot\ of\ extract\ taken\ for\ estimation\ \times volume\ of\ sample\ taken\ for\ estimation}$$

V. Açúcares:

a) Açúcares redutores:

O açúcar redutor total foi calculado pelo método da solução de Fehling, tal como preconizado por Lane e Eynon (1943). Para determinar o açúcar redutor, esmagou-se 5 g de polpa com água destilada, filtrou-se com um pano de musselina e manteve-se o volume até 100 ml. Tomou-se uma alíquota com 5 ml de solução de Fehling "A" e "B" num erlenmeyer de 10 ml e titulou-se contra uma solução de glucose a 1 por cento, quando em ebulição, utilizando o indicador azul de metileno. O ponto final foi marcado pelo aparecimento de uma cor vermelho-tijolo.

b) Açúcares não redutores:

Os açúcares não redutores foram calculados deduzindo a qualidade dos açúcares redutores dos açúcares invertidos totais e multiplicados pelo fator 0,95. Os resultados foram expressos em percentagem de açúcares não redutores.

c) Açúcar total:

De 100 ml de amostra, foi retirada uma alíquota de 5 ml, misturada com 3 gotas de HCL e mantida durante a noite. No dia seguinte, foram adicionadas 2-3 gotas de indicadores de fenolftaleína e neutralizadas com uma solução de hidróxido de sódio (NaOH) a 30 %. Foi titulada contra 1,0 por cento de glucose em solução a ferver utilizando azul de metileno como indicador. O aparecimento da cor vermelho tijolo foi marcado como o ponto final. Os resultados foram expressos em percentagem de açúcares totais.

$$\text{Total invert sugar} = \frac{(B - S) \times \text{volume made up (100 ml)}}{\text{Aliquot taken (5 ml)} \times \text{wieght of sample (10 g)}}$$

ANÁLISE ESTATÍSTICA:

As análises estatísticas dos dados obtidos nos diferentes conjuntos de experiências foram calculadas, tal como sugerido por Panse e Sukhatma (1989).

Tabela: Análise de Variância.

Fonte de variação	d.f.	S.S.	M.S.S.	F. cal	Separador F.
Replicação	3				
Tratamento	7				
Erro	21				
Total	31				

O erro padrão (S. Em. ±) para as diferenças das médias dos tratamentos foi calculado da seguinte forma

segue.   **S. Em. ±= $\sqrt{}$**

Onde, MSE= Soma média dos quadrados devido ao erro, R= Número de replicações.

O cálculo do C.D. a 5% do valor da tabela será efectuado com a ajuda da seguinte fórmula

$$C.D. = S. Em\pm \ \sqrt{2} \times \text{Table value at 5\%}$$

RESULTADOS EXPERIMENTAIS

A presente investigação intitulada **"Efeito do sulfato de zinco e do ácido giberélico no rendimento e na qualidade da goiaba (*Psidium guajava* L.) *cv*. Allahabad Safeda"** foi realizado durante o ano de 2012-2013 com o objetivo de avaliar o efeito do sulfato de zinco e do ácido giberélico. Os dados foram analisados estatisticamente e apresentados sob a forma de tabelas e gráficos, como se indica a seguir

1. CARACTERES FÍSICOS DOS FRUTOS

1.1 . Comprimento do fruto (cm):

Os dados relativos ao comprimento do fruto registados para os diferentes tratamentos de ZnSO4 e GA3 são apresentados no Quadro-4.1 e representados na fig-1. O comprimento máximo (6,17 cm) dos frutos foi obtido com a pulverização de GA3-150ppm seguido de ZnSO4 (0,3 por cento). A aplicação de (GA3-150ppm), (GA3- 50ppm) e ZnSO4 0,4 por cento foram considerados iguais a GA3-150ppm. O comprimento mínimo (4,53 cm) dos frutos foi registado no controlo.

Tabela - 4.1 Efeito de diferentes níveis de ZnSO 4 e GA3 no comprimento do fruto (cm) da goiaba

Tratamentos	Comprimento do fruto (cm)
T1 : Controlo (pulverização de água)	4.53
T_2 : $ZnSO_4$ (0,2%)	4.97
T_3 : $ZnSO_4$ (0,3%)	5.26
T_4 : $ZnSO_4$ (0,4%)	5.58
T_5 : GA_3 (50ppm)	5.72
T6 : GA3 (100ppm)	6.01
T7 : GA3 (150ppm)	6.17
S.Em. ±	**0.289**
C.D. a 5%	**0.892**

1.2 Diâmetro do fruto:

Isso é evidente a partir dos dados presentes na Tabela-4.2 e representados graficamente na Fig-2. O diâmetro do fruto obteve um máximo significativo (6,79 cm) com a pulverização de 150ppm GA3, seguido pela pulverização de ZnSO4 (0,4 %), enquanto que a par com 100ppm GA3. A concentração mais alta de 150ppm GA3 provou ser significativamente eficaz para aumentar o diâmetro do fruto. O diâmetro mínimo (4,60 cm) dos frutos foi registado sob controlo.

Tabela - 4.2: Efeito de diferentes níveis de ZnSO 4 e GA3 no diâmetro do fruto da goiaba

Tratamentos	Diâmetro do fruto $^{(cm)}$
T1 : Controlo (pulverização de água)	4.60
T_2 : ZnSO$_4$ (0,2%)	5.24
T_3 : ZnSO$_4$ (0,3%)	5.41
T4: ZnSO$_4$ (0,4%)	5.92
T5 : GA3 (50ppm)	5.99
T6 : GA3 (100ppm)	6.43
T_7 : GA$_3$ (150ppm)	6.79
S.Em ±	**0.249**
C.D. a 5%	**0.768**

1.3 : Peso do fruto (g):

Os dados registados sobre o peso dos frutos (g) influenciados pela pulverização foliar de ZnSo4 e GA3 são apresentados na Tabela 4.3 e representados graficamente na Fig-3. Foram registadas variações significativas em relação ao peso dos frutos, que variou de 71,63-112,65 g. O peso máximo (112,65 g) dos frutos foi observado com a pulverização de 150ppm GA3, que foi significativamente superior aos restantes tratamentos, seguido da pulverização de GA3-100ppm. O peso mínimo (71,63 g) dos frutos foi registado com o controlo.

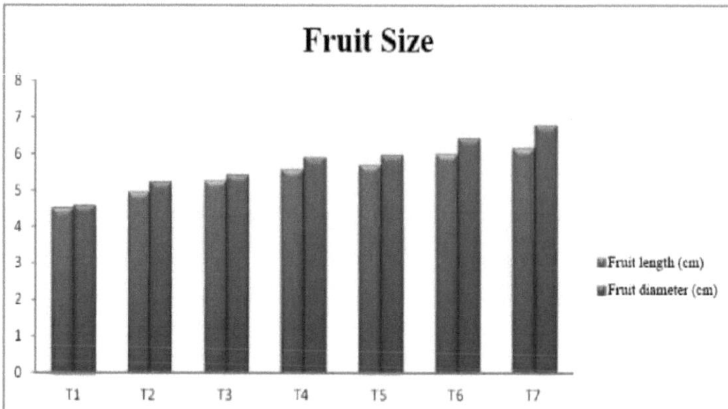

Fig-1: Showing the effect of Zinc Sulphate and Gibberellic Acid on Fruit size of Guava

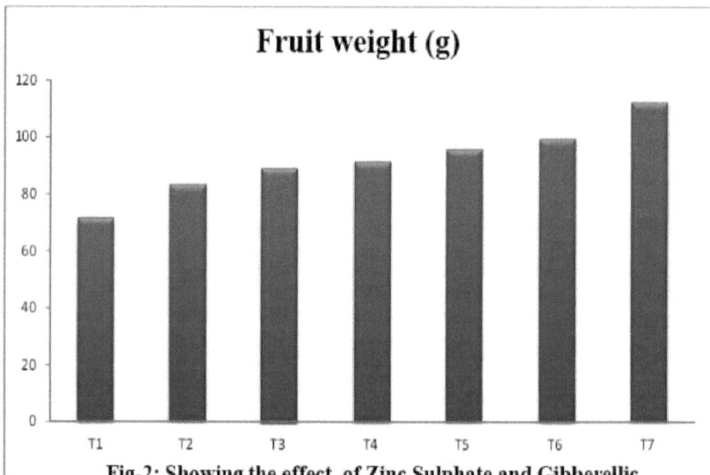

Fig-2: Showing the effect of Zinc Sulphate and Gibberellic Acid on Fruit weight of Guava

Tabela - 4.3: Efeito de diferentes níveis de ZnSO 4 e GA3 no peso do fruto da goiaba

Tratamentos	Peso do fruto (g)
T1 : Controlo (pulverização de água)	71.63
T_2 : ZnSO$_4$ (0,2%)	83.63
T_3 : ZnSO$_4$ (0,3%)	89.16
T_4 : ZnSO$_4$ (0,4%)	91.81
T_5 : GA$_3$ (50ppm)	96.00
T6 : GA3 (100ppm)	99.87
T_7 : GA$_3$ (150ppm)	112.65
S.Em. ±	**3.574**
C.D. a 5%	**11.012**

1.4   . Volume do fruto (cm):

Os dados apresentados no Quadro-4.4 e representados graficamente na Fig-4, indicam claramente que todos os tratamentos aumentaram significativamente o volume dos frutos em relação ao controlo (pulverização com água). O maior volume de frutos ($112,63\text{cm}^3$) foi registado com o uso de 150ppm GA3 seguido de 100ppm GA3. No entanto, o volume mínimo de frutos ($71,25\text{cm}^3$) foi registado no controlo.

Tabela - 4.4: Efeito de diferentes níveis de ZnSO 4 e GA3 no volume de frutos de goiaba

Tratamentos	Volume do fruto (cm)
T1 : Controlo (pulverização de água)	71.25
T_2 : ZnSO$_4$ (0,2%)	83.65
T_3 : ZnSO$_4$ (0,3%)	89.56
T4: ZnSO$_4$ (0,4%)	94.83
T_5 : GA$_3$ (50ppm)	96.43
T6 : GA3 (100ppm)	102.59
T_7 : GA$_3$ (150ppm)	112.63
S.Em. ±	**1.920**
C.D. a 5%	**2.079**

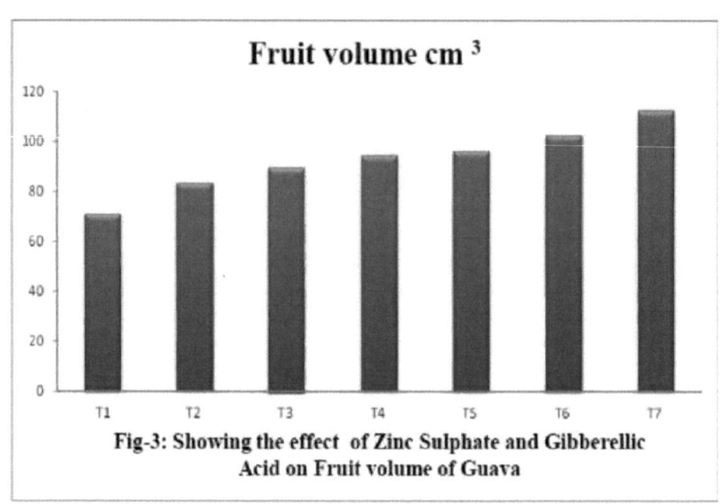

Fig-3: Showing the effect of Zinc Sulphate and Gibberellic Acid on Fruit volume of Guava

Fig-4: Showing the effect of Zinc Sulphate and Gibberellic Acid on specific gracity of Guava fruit

T$_7$: GA$_3$ (150ppm)

T$_4$: ZnSO$_4$ (0.4 %)

T_1: Control

1.5 Gravidade específica:

Os dados sobre a gravidade específica dos frutos de goiaba são apresentados na Tabela-4.5 e mostrados na Fig-5, pode-se observar que diferentes tratamentos de ZnSO4 e GA3 não mostraram qualquer impacto significativo em relação à gravidade específica. No entanto, a gravidade específica máxima (0,997) foi observada com a pulverização de 50ppm GA3 e a mínima (0,986) com o tratamento de controlo.

Tabela-4.5 Efeito de diferentes níveis de ZnSO4 e GA3 na gravidade específica da goiaba.

Tratamentos	Gravidade específica
T i : Controlo (pulverização de água)	0.986
T_2 : $ZnSO_4$ (0,2%)	0.994
T_3 : $ZnSO_4$ (0,3%)	0.992
T_4 : $ZnSO_4$ (0,4%)	0.992
T5 : GA3 (50ppm)	0.991
T6 : GA3 (100ppm)	0.994
T_7 : GA_3 (150ppm)	0.997
S.Em. ±	**0.042**
C.D. a 5%	**NS**

1.6 Sólidos solúveis totais (^{0}Brix):

As observações relativas ao conteúdo de sólidos sólidos totais (S.S.T.) dos frutos são apresentadas na Tabela 4.6 e representadas graficamente na Fig-6. É evidente na Tabela 4.6 que houve diferenças significativas no conteúdo de S.S.T. devido à pulverização foliar de várias concentrações, que variaram de (9,89-13,0%). O mais alto T.S.S (13.0 ^{0}Brix) foi observado com pulverização foliar de 150ppm GA3 seguido com o uso de ZnSO4 (0.3%).Aplicação de GA3 100ppm, GA3 50ppm e ZnSO4 0.4% foram encontrados a par com GA3 a 150 ppm e incapazes de tocar o nível de significância. O teor mais baixo de T.S.S (9,89 ^{0}Brix) foi registado no controlo.

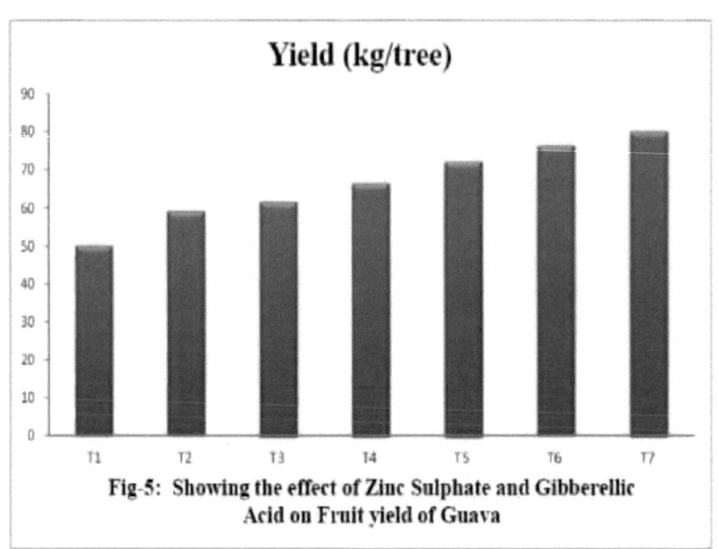

Fig-5: Showing the effect of Zinc Sulphate and Gibberellic Acid on Fruit yield of Guava

Fig-6: Showing the effect of Zinc Sulphate and Gibberellic Acid on T.S.S content (oBrix) of guava

Tabela-4.6: Efeito de diferentes níveis de ZnSO4 e GA3 no conteúdo de T.S.S da goiaba.

Tratamentos	T. S. S. (^{0}Brix)
T i : Controlo (pulverização de água)	9.89
T$_2$: ZnSO$_4$ (0,2%)	10.98
T$_3$: ZnSO$_4$ (0,3%)	10.90
T$_4$: ZnSO$_4$ (0,4%)	12.03
T$_5$: GA$_3$ (50ppm)	12.70
T6 : GA3 (100ppm)	12.98
T$_7$: GA$_3$ (150ppm)	13.00
S.Em. ±	**0.527**
C.D. a 5%	**1.622**

1.7 Açúcares redutores em percentagem:

É evidente a partir dos dados apresentados na Tabela 4.7 e Fig-7 que a pulverização foliar de ZnSO4 e GA3 foram eficazes para aumentar o açúcar redutor na fruta. O açúcar redutor mais elevado (5,91%) foi registado com a aplicação foliar de 150ppm GA3 e o açúcar redutor mais baixo (4,12%) foi registado sob controlo. A aplicação de GA3 100ppm, GA3 50ppm, ZnSO4 0,4% e ZnSO4 0,3% foram consideradas iguais ao GA3 150ppm.

Tabela-4.7: Efeito de diferentes níveis de ZnSO4 e GA3 no teor de açúcares redutores da goiaba.

Tratamentos	Açúcar redutor (%)
T1 : Controlo (pulverização de água)	4.12
T$_2$: ZnSO$_4$ (0,2%)	4.75
T$_3$: ZnSO$_4$ (0,3%)	4.99
T$_4$: ZnSO$_4$ (0,4%)	5.02
T$_5$: GA$_3$ (50ppm)	5.38
T6 : GA3 (100ppm)	5.39
T7 : GA3 (150ppm)	5.91
S.Em. ±	0.189
C.D. a 5%	0.581

1.8 Açúcar não redutor por cento:

Os dados relativos ao açúcar não redutor foram recolhidos e apresentados no Quadro 4.8 e a Fig. 8 indica claramente que o GA3 e o ZnSO4 foram considerados eficazes para aumentar o açúcar não redutor na goiaba. O máximo (3,94%) de açúcar não redutor foi registado com a pulverização foliar de 150ppm GA3 seguido da aplicação de ZnSO4 (0,4%). O mínimo de açúcar não redutor (2,75%) foi registado sob controlo. A aplicação de GA3 100ppm e GA3 50ppm não foi capaz de atingir o nível de significância e os valores foram registados ao mesmo nível.

Tabela-4.8: Efeito de diferentes níveis de ZnSO4 e GA3 no teor de açúcares não redutores da goiaba.

Tratamentos	Açúcar não redutor (%)
T i : Controlo (pulverização de água)	2.75
T_2 : $ZnSO_4$ (0,2%)	3.16
T_3 : $ZnSO_4$ (0,3%)	3.33
T_4 : $ZnSO_4$ (0,4%)	3.35
T_5 : GA_3 (50ppm)	3.58
T6 : GA3 (100ppm)	3.59
T_7 : GA_3 (150ppm)	3.94
S.Em. ±	0.142
C.D. a 5%	0.438

1.9 Açúcares totais em percentagem:

Uma análise dos dados relativos ao teor de açúcares totais nos frutos, apresentados no Quadro 4.9 e ilustrados na Fig. 9, indica claramente que todos os tratamentos foram significativos em relação ao controlo. Entre os diferentes tratamentos, o máximo (9,85%) de açúcares totais foi registado com a aplicação de 150 ppm GA3. Isto foi seguido de perto pelo ZnSO4 e o mínimo (6,87%) sob controlo. A aplicação foliar de GA3 (50 ppm) foi considerada igual à aplicação de GA3 150ppm.

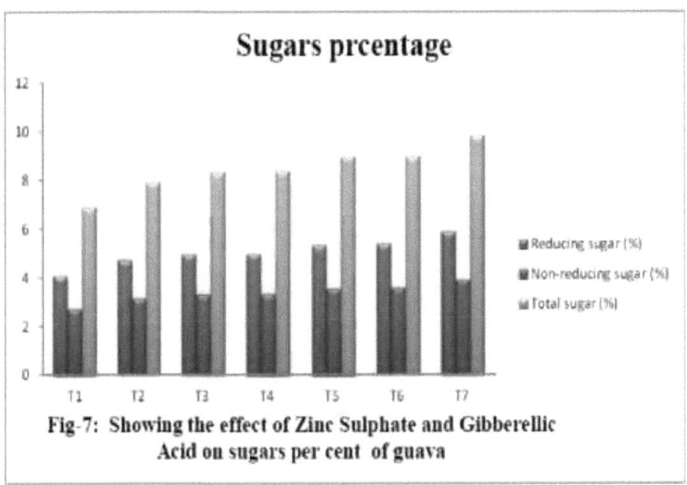

Fig-7: Showing the effect of Zinc Sulphate and Gibberellic Acid on sugars per cent of guava

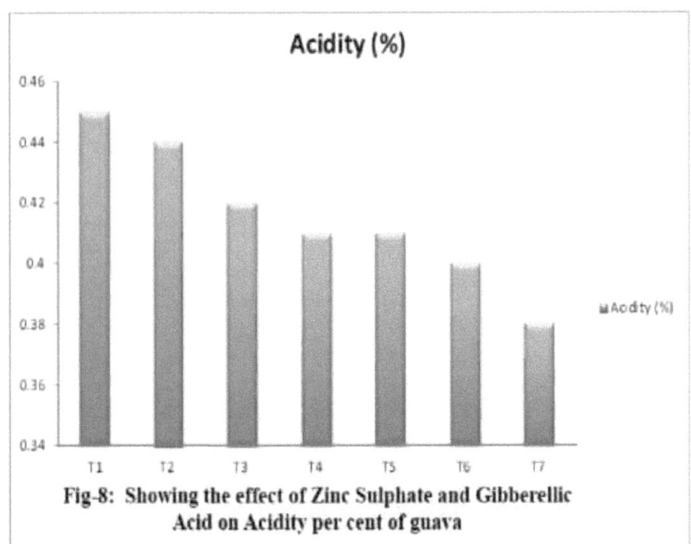

Fig-8: Showing the effect of Zinc Sulphate and Gibberellic Acid on Acidity per cent of guava

Tabela-4.9: Efeito de diferentes níveis de ZnSO4 e GA3 no teor de açúcares totais da goiaba.

Tratamentos	Açúcares totais (%)
T i : Controlo (pulverização de água)	6.87
T_2 : ZnSO4 (0,2%)	7.91
T_3 : ZnSO4 (0,3%)	8.32
T_4 : ZnSO4 (0,4%)	8.37
T_5 : GA3 (50ppm)	8.96
T6 : GA3 (100ppm)	8.98
T_7 : GA3 (150ppm)	9.85
S.Em. ±	**0.328**
C.D. a 5%	**1.011**

1.10 . Acidez em percentagem:

Os dados relativos ao teor de acidez dos frutos são apresentados na Tabela-4.10 e a figura -10 indica claramente que não houve variação significativa no teor de acidez dos frutos devido à pulverização dos tratamentos. A acidez mínima (0,38%) dos frutos foi registada com a pulverização de 150ppm GA3 seguida da aplicação de 100ppm GA3 e 0,4% ZnSO4 respetivamente. A acidez máxima (0,45%) foi registada com a pulverização de água.

Tabela-4.10: Efeito de diferentes níveis de ZnSO4 e GA3 na acidez da goiaba

Tratamentos	Acidez (%)
T1 : Controlo (pulverização de água)	0.45
T_2 : ZnSO4 (0,2%)	0.44
T_3 : ZnSO4 (0,3%)	0.42
T_4 : ZnSO4 (0,4%)	0.41
T_5 : GA3 (50ppm)	0.41
T6 : GA3 (100ppm)	0.40
T7 : GA3 (150ppm)	0.38
S.Em. ±	**0.017**
C.D. a 5%	**NS**

1.11 . Ácido ascórbico (mg IOOg polpa):

A partir da Tabela-4.11 e da fig-11, verifica-se que houve uma variação significativa no conteúdo de ácido ascórbico da fruta devido aos diferentes tratamentos, que variaram de (178,65246,15mg 100g de polpa). O máximo de ácido ascórbico (246,15 mg 100g polpa) foi observado com spray foliar 0fGA3 (150ρpm) seguido do uso de (0,3%) Z11SO4. enquanto IOOppm GA3. 50ρpm GA3 e 0,4% ZnSO4 foram encontrados a par com (150 ppm GA3). Não foram registadas diferenças significativas. O mínimo de ácido ascórbico (178,63mg 100g de polpa) foi registado com pulverização de água.

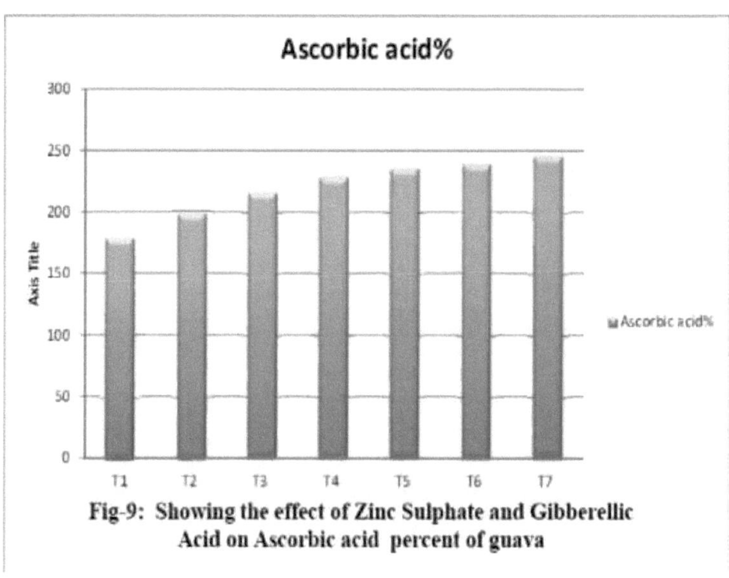

Fig-9: Showing the effect of Zinc Sulphate and Gibberellic Acid on Ascorbic acid percent of guava

Tabela-4.11: Efeito de diferentes níveis de ZnSO4 e GA3 no ácido ascórbico (mg/100g de polpa) da goiaba

Tratamentos	Ácido ascórbico (mg/100g de polpa)
T i : Controlo (pulverização de água)	178.63
T_2 : ZnSO$_4$ (0,2%)	198.70
T_3 : ZnSO$_4$ (0,3%)	216.35
T_4 : ZnSO$_4$ (0,4%)	228.63
T_5 : GA$_3$ (50ppm)	235.60
T6 : GA3 (100ppm)	238.60
T_7 : GA$_3$ (150ppm)	246.15
S.Em. ±	**8.454**
C.D. a 5%	**26.052**

1.12 -Rendimento (kg/árvore):

As observações relativas à produção de frutos são apresentadas na Tabela-4.12 e na Fig-12. O maior rendimento de frutos (80,19 kg/árvore) foi registado com pulverização foliar de 150ppm GA3 seguido de ZnSO4 (0,4%). A aplicação de 100ppm GA3 e 50ppm GA3 foram consideradas iguais a (150 ppm GA3). A menor produção de frutos (50,21kg/árvore) foi registada no controlo.

Tabela-4.12: Efeito de diferentes níveis de ZnSO4 e GA3 no rendimento da goiaba

Tratamentos	Yield(kg'árvore)
T1 : Controlo (pulverização de água)	50.21
T_2 : ZnSO$_4$ (0,2%)	59.00
T_3 : ZnSO$_4$ (0,3%)	61.53
T_4 : ZnSO$_4$ (0,4%)	66.43
T_5 : GA$_3$ (50ppm)	72.13
T6 : GA3 (100ppm)	76.50
T7 : GA3 (150ppm)	80.19
S.Em. ±	**3.137**
C.D. a 5%	**9.667**

DISCUSSÃO

A presente investigação intitulada **"Efeito do sulfato de zinco e do ácido giberélico no rendimento e na qualidade da goiaba (*Psidium guajava* L.) cv. Allahabad Safeda" foi** realizada durante o ano de 2012-13. As observações experimentais registadas sobre o efeito de vários tratamentos foram apresentadas no capítulo iv anterior. As caraterísticas salientes dos resultados experimentais do presente inquérito são discutidas nos seguintes pontos, à luz da literatura disponível.

No presente estudo, observou-se que o tamanho do fruto (comprimento e diâmetro) aumentou significativamente. O tamanho máximo dos frutos, em termos de comprimento e diâmetro, foi registado com a pulverização de GA3 150ppm. No entanto, a aplicação de GA3 100ppm e 50ppm também foi eficaz para aumentar o tamanho dos frutos. A razão para o aumento do tamanho dos frutos devido à pulverização de sulfato de zinco e regulador de crescimento de plantas pode ser atribuída à absorção eficiente do movimento e, consequentemente, ao crescimento vegetativo mais exuberante na fase inicial, que influenciou a maior atividade do metabolismo na planta, foi atribuída a um melhor desenvolvimento dos frutos. Esses resultados estão em conformidade com os relatórios de **Kumar e Hoda (1978),** que relataram que a aplicação de GA3 na concentração de 100-200ppm aumentou o tamanho dos frutos da goiaba. **Singh et al. (1982)** também constataram que a pulverização de GA3 (50ppm) aumentou o comprimento e o diâmetro dos frutos da goiabeira. **Rao (1997)** relatou que a aplicação de 100ppm de GA3 aumentou o tamanho dos frutos de banana. **Jonson et al. (2001)** obtiveram que a aplicação de GA3 resultou num aumento do tamanho dos bagos de uva. **Kher et al. (2005)** observaram que a aplicação de GA3 (30, 60, 90 e 120ppm) aumentou o tamanho dos frutos da goiaba.

A pulverização de nutrientes minerais e reguladores de crescimento das plantas aumentou significativamente o peso e o volume dos frutos frescos.

A observação registada e o peso dos frutos, representado na (Tabela 4.3, na figura 3), indicaram claramente que a aplicação de GA3 150ppm aumentou significativamente o peso dos frutos, seguido de GA3100ppm, enquanto que o peso mínimo dos frutos foi observado no controlo. A razão para o aumento do peso e do volume dos frutos devido à pulverização de ZnSO4 e GA3 pode dever-se ao facto de melhorar a síntese de mais fotossintatos e a sua translocação para os frutos, o que acabou por melhorar o peso e o volume dos frutos. Resultados semelhantes foram também observados por **Masalkar e Wavhal (1991)** que a pulverização de GA3 (10 a 30ppm) aumentou o peso e o volume dos frutos de baga. **Brahmachari et al. (1995)** observaram que a aplicação de GA3 (50 ou 100ppm) aumentou o peso dos frutos da goiaba cv. Sardar. A aplicação foliar de CAN+150ppm GA3 melhorou significativamente o peso e o volume dos frutos da goiabeira cultivar Allahabad Safeda **(Kumar et**

al. 1998). Yadav et al. (2004) referiram que o ácido giberélico melhorou o peso e o volume dos frutos da baga.

Foram observadas diferenças não significativas no caso da gravidade específica dos frutos. No entanto, a gravidade específica máxima foi observada sob o tratamento de 150ppm GA3 em comparação com o controlo (0,986). Estes resultados estão de acordo com as conclusões de **Panday et al. (1990)** em frutos de baga.

O acúmulo máximo de sólidos solúveis totais nos frutos de goiaba foi observado com a pulverização de GA3 150ppm. Enquanto que o mínimo de sólidos solúveis totais foi obtido com o controlo. Também se observou um padrão semelhante no que respeita ao teor de açúcares totais para o aumento dos teores de açúcares redutores e não redutores na goiaba, influenciado pelos diferentes tratamentos. O teor mais elevado de açúcares totais foi registado com a pulverização de GA3 (150ppm) e o teor mínimo de açúcares totais foi obtido com o tratamento de controlo. A razão para o aumento do teor de sólidos solúveis totais do fruto pode dever-se ao facto de os nutrientes e os reguladores de crescimento das plantas terem desempenhado um papel importante na fotossíntese, o que, em última análise, levou à acumulação de hidratos de carbono e atribuiu o aumento do teor de açúcares totais do fruto. Estes resultados são semelhantes aos do ZnSO4 e do GA3 e podem ser atribuídos à rápida transformação metabólica do amido e da pectina em compostos solúveis e à rápida translocação de açúcares das folhas para os frutos em desenvolvimento. Esses resultados estão de acordo com os de **Brahmachari et al. (1996)**, que relataram um aumento nos teores de T.S.S. e açúcares totais com a pulverização de GA3 a 100ppm em goiaba. Além disso, **Kumar et al. (1998)** e **Kher et al. (2005)** registaram um aumento do T.S.S. e dos teores de açúcares totais com doses mais elevadas de ácido giberélico na goiaba.

Os resultados revelaram que o teor de acidez dos frutos não foi significativo nos diferentes tratamentos. A baixa acidez por cento foi registada com a aplicação foliar de ZnSO4 e GA3. No entanto, a maior acidez foi observada com o controlo (pulverização de água). A diminuição da acidez com a aplicação foliar de ZnSO4 e GA3 pode dever-se ao aumento da translocação de hidratos de carbono e ao aumento da conversão metabólica da acidez em açúcares. Estes resultados também estão de acordo

com a observação registada por **Shrawan kumar et al. (2010)** com a aplicação foliar de GA3 50ppm+Borax 0,25 por cento em frutos de goiaba. **Pradeep e Sharma (1997)** também observaram que a pulverização de (ZnSO40,25%) em kinnow aumenta o T.S.S. e diminui significativamente a acidez.

O teor de ácido ascórbico foi significativamente influenciado pela pulverização de diferentes tratamentos. O teor máximo de ácido ascórbico nos frutos de goiaba foi registado com a pulverização de GA3

150ppm. No entanto, foi registado um mínimo de ácido ascórbico no controlo. O aumento do teor de ácido ascórbico no sumo de fruta deveu-se à atividade catalítica da giberelina e da auxina na sua biossíntese a partir dos seus precursores (glicose 6-fosfato) ou à inibição da sua conversão em ácido desidroascórbico pela enzima ácido ascórbico oxidase ou ambas **Brahamchari e Rani (2001)**. **Kumar e Hoda (1978)** também registaram um aumento do ácido ascórbico com uma maior quantidade de GA3 na goiaba,

Pandey (1999), Kale *et al.* (2000) em berinjela, **Yadav *et al.* (2001)** e **Kher *et al.* (2005)** em goiaba também observaram aumento no conteúdo de ácido ascórbico com a aplicação de GA3.

O presente estudo revela que a pulverização foliar de ZnSO4 e GA3 deu maior rendimento de frutos de goiaba na cv. Allahabad Safeda em comparação com o controlo. A produção máxima de frutos (80,19kg/árvore) foi obtida com GA3 na concentração de 150ppm e foi seguida pela concentração de ZnSO4 (0,4 por cento). Os relatórios anteriores disponíveis confirmam a presente descoberta de que a pulverização foliar de reguladores de crescimento de plantas provou ser útil no aumento da produção de frutos. O aumento da produção de frutos deve-se a uma maior absorção de nutrientes devido a uma absorção eficiente e, consequentemente, a um crescimento vegetativo mais luxuriante na fase inicial, o que, mais tarde, resulta em mais metabolitos para o desenvolvimento dos frutos.

Vários trabalhadores relataram um aumento no rendimento com GA3, ureia e superfosfato aplicados na goiaba da estação de inverno. **Singh e Singh (1995)**, também descobriram que a pulverização de nitrato de cálcio e amónio (CAN)+150ppm GA3 melhorou significativamente o rendimento da goiaba cv. Allahabad safeda. **Yadav *et al.* (2004)** observaram que a pulverização de GA3 (15, 30 e 45ppm) e zinco (0,2%, 0,4%, 0,6%) aumentam significativamente a produção de frutos, particularmente com GA3 a 30ppm em frutos de bagas.

RESUMO E CONCLUSÃO

O presente inquérito **"Efeito do sulfato de zinco e do ácido giberélico no rendimento e na qualidade da goiaba (*Psidium guajava* L.) *cv*. Allahabad Safeda"** foi realizado na Estação Experimental Principal do Departamento de Horticultura, Universidade de Agricultura e Tecnologia Narendra Deva, Narendra Nagar (Kumargaj), Faizabad (U.P.) durante o ano de 2012-13. Foram selecionadas para o estudo plantas de goiaba *cv.* Allahabad Safeda com vinte anos de idade e vigor uniforme. As conclusões importantes desta investigação estão resumidas nos seguintes pontos.

1. O comprimento máximo dos frutos foi obtido com a pulverização de 150ppm GA3 seguida da utilização de ZnSO4 (0,3 por cento) e o comprimento mínimo dos frutos foi obtido com o controlo (pulverização com água).

2. O diâmetro máximo dos frutos foi registado com a pulverização de 150ppm GA3 seguida de ZnSO4 (0,4 por cento), enquanto que o diâmetro mínimo dos frutos foi registado sob controlo.

3. O peso do fruto foi observado devido à pulverização de 150ppm GA3, que foi significativamente maior do que os outros tratamentos, seguido pela pulverização de 100ppm GA3. O peso mínimo dos frutos foi observado no controlo.

4. O volume máximo de frutos foi obtido com o uso de T7 (150ppm GA3) seguido de T6 (100ppm GA3). Todos os tratamentos aumentaram o volume dos frutos em relação ao controlo (pulverização de água).

5. Foram observadas diferenças não significativas no caso da gravidade específica dos frutos. A gravidade específica máxima foi registada sob o tratamento de 150ppm GA3 e a mínima no controlo.

6. Os sólidos solúveis totais (S.S.T.) foram registados ao máximo com a aplicação de GA3 a 150ppm seguido de T3 ZnSO4 0,3 por cento enquanto que o conteúdo mais baixo de sólidos solúveis totais foi registado sob controlo.

7. O maior teor de açúcares totais foi obtido com o uso de 150ppm GA3 seguido de perto por ZnSO4 (0,4 por cento). Todos os tratamentos aumentam significativamente o teor de açúcares totais na goiaba em relação ao controlo.

8. A acidez mínima foi registada sob a pulverização de 150ppm GA3, mas os tratamentos não foram considerados significativos.

9. O máximo de ácido ascórbico foi obtido com a pulverização de 150ppm GA3 seguido de ZnSo4 (0,3 por cento), enquanto o mínimo de ácido ascórbico foi observado no controlo (pulverização de água).

10. A maior produção de frutos por planta foi registada com a pulverização de T7 (150ppm) GA3 seguida de T4 ZnSO4 (0,4 por cento). A produção mínima de frutos foi obtida pelo controlo.

Com base na presente investigação, pode concluir-se que a aplicação foliar de 150ppm GA3 provou ser a mais eficaz para aumentar os atributos físico-químicos do fruto, nomeadamente o comprimento e a largura do fruto, o volume do fruto, o peso do fruto, os sólidos solúveis totais, os açúcares redutores, os açúcares não redutores, os açúcares totais, o ácido ascórbico (vitamina C) e o rendimento máximo do fruto, para além de que a acidez do fruto foi drasticamente reduzida.

Por conseguinte, a aplicação foliar de 150ppm de GA3 pode ser recomendada aos produtores de goiaba do leste do Uttar Pradesh para uma maior produção de frutos e uma melhor qualidade dos mesmos.

BIBLIOGRAFIA:

A.O.A.C. (1984). Official methods of Analysis, Association of official Agricultural Chemists, Washington, D.C.

Ali, Wahid; Pathak, R.A. e Yadav, A.L. (1993). Efeito da aplicação foliar de nutrientes na goiaba (*Psidium guajava* L.) *cv.* Allahabad Safeda. *Prog. Hort,* **23** (1-4) : 18-21.

Awasthi, P.; e Shant, L. (2009). Efeito do cálcio, do boro e do boro no rendimento e na qualidade da goiaba (*Psidium guajava* L.). *Pantnagar J. Res.* **7** (2): 223-225.

Bagde, T.R. e Kandalkas, D.S. (1981). Efeito dos reguladores de crescimento na qualidade da goiaba. *Hort. J.* **55**, 19-22.

Banker, C.J. e Prasad, R.N. (1990). Efeito do ácido Gibbereffic e NAA na fixação e qualidade dos frutos em Ber. *cv.* Gola. *Prog. Hort.* **22** (1&2) : 60-62.

Brachmachari, V.S.; Mandel, A.K.; Kumar, R; e Rani, R. (1995). Efeito das substâncias de crescimento na frutificação e nas caraterísticas físico-químicas da goiaba Sardar (*Psidium guajava* L.) *Recent Hort.,* **2**:2, 127-131.

Brachmachari, V.S.; Mandel, A.K.; Kumar, R; e Rani, R. (1996). Efeito das substâncias de crescimento na floração e nos caracteres da *goiaba Sardar. Hort. J.* **9**:1, 1-7.

Brahamchari, V.S. e Rani, R. (2001). Efeito de substâncias de crescimento na rachadura e composição físico-química de Litchi. *Orrisa J. Hort.* **29** (1): 44-45

Chaitanya, C.G.; Kumar, G; Rana, B.L. e Muthoo, A.K. (1997). Efeito da aplicação foliar de zinco e boro na produção e qualidade da goiaba *cv.* Luckow-49. *Haryana J. Hort.* **26** (1-2) : 78-80.

Chitanya, G.C. (1984). Efeito da pulverização foliar de zinco e boro no rendimento e na qualidade pós-colheita de frutos de goiaba. Tese de Mestrado (Ag.) apresentada à *G.B. Pant. A. Univ. Pant Nagar, Índia.* pp.-129.

Chadel, S.R.S (1984). Principal of Experimental Designs. *A handbook of Agriculture Statistics.* pp: **14-53**.

Chadha, K. L. (2001). *Handbook of Horticulture, I.C.A.R.* New Delhi-110012. **Pp-2-10**.

Das, A.; Majumdar, K. e Mazumdar, B.C. (2000). O sulfato de zinco induziu uma maior doçura nos frutos de goiaba da estação das chuvas. *Indian Agri.* **44** (3-4) : 199-201.

Dixit, C.K. e Jindal, F.C. (1977). Efeito da pulverização de micronutrientes na qualidade da tangerina kinnow, *Prog. Hort.,* **36** (1/2) : 153-154.

EI-She, A. A.; Saeed, W.T. e Nouman, V.F. (2000). Efeito da aplicação foliar de potássio e zinco no comportamento das goiabeiras Mantakhab El-kanater. *Boletim da Faculdade de Agronomia,*

Univ. Cario. **51** (1) : 73-84.

Ghanta, P.K. e Dwevdi, A.K. (1993). Efeito de alguns micronutrientes no rendimento e na qualidade da banana *cv.* Giant. *Enron. Eco.* **11**, (2) 292-294.

Ghash, S.N. e Besrai, K.C. (2000). Efeito da pulverização de Zn, B e Fe na qualidade e rendimento da laranja doce *cv.* Mosambi cultivada em solo letrado alimentado pela chuva. *Indian Agri.* **44**: 3-4, 147151.

Ghosh, S.N. e Chattopadhyay, N. (1996). *The Hort. J.* **9: 121-127**.

Gill, S.S.; Brar, S.S. e Singh, S.N. (1987). Efeito da aplicação de GA3 na qualidade dos frutos de uvas Thompsan Seedless. *Punjab J. Hort.*, XXVII (1&2): 37-41.

Goswami, A. K.; Shukla, H. S.; e Mishra,; P.K. (2012). Efeito da aplicação pré-colheita de micronutrientes na qualidade da goiaba (*Psidium guajava* L.) *cv.* Sardar. *Hort Flora Res. Spec.* **1** (1): 60-63.

Hasan, MdA.; Jana, A. (2000). Efeito do potássio, cálcio, zinco e cobre na melhoria da composição química dos frutos da lichia *cv.* Bombai. *Ambiente e Ecologia*, **18**: (2) 497499.

Hoda, M.N.; Syamal, N.B. e Chonkar, V.S. (1975). Efeito das substâncias de crescimento e do zinco no desenvolvimento e na qualidade dos frutos de lichia. *Ciência e Cultura,* **35** (9) :440-448.

Jonson, J.S.; Mehrotra, N.K.; Thatai, 8.K.; K.H.; Grewal, I.S. e Sharma, J.N. (2001). Efeito da cintagem, da escovagem e do GA3 na maturação e na qualidade dos frutos da uva cv. Perlette. *Indian J. Hort.* **58** (3): 250-253.

Kale, V.S.; Dod, V.N.; Adpawar, R.M. e Bharad, S.G. (2000). Effect of plant growth regulators on fruit characters and quality of Ber. *Crop Research Hissar*, **20** (2): 327-333.

Kale, V.S.; Kale, P.B. e Adpawar, R.W. (1999). Efeito de reguladores de crescimento de plantas na produção e qualidade de frutos de Ber Umran. *Annals of Plant Physiology*, **13** (1): 69-72.

Khafagy, S. A. A.; Zaied, N. S.; Nageib, M. M.; Saleh, M. A.; e Fouad, A. A. (2010). Os efeitos benéficos da levedura e do sulfato de zinco no rendimento e na qualidade dos frutos das laranjeiras Navel. *World J. Agri. Sci.* **6** (6): 635-638.ref.

Kher, R; Shoo-Baht; Wali, V.K. (2005). Efeito da aplicação foliar de GA3, NAA e CCC nas caraterísticas físico-químicas da goiaba *cv.* Sardar. *Haryana J. Hord.,* **34** (1/2):31-32.

Khera, A.P.; Singh, H.K. e Daulta, B.S. (1985). Correção da deficiência de micronutrientes em citrinos cv. Blood Red. *Haryana J. Hort.* **14** (1-2): 27-29.

Kumar, R.; Chauhan, K.S. e Sharma, S. (1998). Uma nota sobre o efeito do sulfato de zinco na formação de bagas, secagem da panícula e qualidade de gapes cv. Gold. *Haryana J.hort. Sci.*, **17** (3-4): 213215.

Kumar, Ram e Hoda, M.N (1978). O efeito do GA3 no crescimento e na composição dos frutos de goiaba. *Pro. Bihar. A. Agri.* 1974 e 1975, 22/23; 79-83.

Kumar, S.; Kumar, A. e Verma, D.K. (2004). Efeito dos micronutrientes e do NAA no rendimento e na qualidade da lichia (*Litchi chinesnis* Sonn.) *cv.* Dehradun. *Inter. Seminário sobre Rec. Trend Hi. Tech Hort and PHT*, Kanpur Feb 4-6, 2004 193.

Kumar, S.P.; Singh, C e Jain, B.P. (1998). Efeito da alimentação foliar de K, N, Zn e GA na composição química da goiaba (*Psidium guajava* L.) *J. Research, Birsa. Agri. Uni.* **10**:2 173-176.

Kundu, S. e Mitra, S.K. (1999). Resposta da goiaba à pulverização foliar de cobre, boro e zinco, *Ind. Agric.***43** (1-2): 49-54.

Lal, S.; Ahmed, N.; e Mir, J. I. (2011). Efeito de diferentes produtos químicos na rachadura de frutas em romã sob condições de karewa do Vale da Caxemira. *Indian J. Plant Physiology.* **16** (¾): 326-330.

Lane, J.H. e L. Eynon (1943). Determinação do açúcar redutor por solução de fehling com azul de metileno como indicador. *J. Soc. Chemi. Ind.,* **42:** 327.

Mann, M.S.; Sidhu, B.S.; Chahil, B.S. e Mann, S.S. (1986). Efeito de diferentes taxas de zinco aplicadas ao solo e à folhagem do pêssego (*Prunus persica* Batsch) na concentração de zinco nas folhas, no rendimento e na qualidade. *Proc. Nat. Symp. on Temperate Fruits, Solan.* Pp. 189-191.

Mansour, N.M. e El-Sled, Z.A.H. (1985). Efeito do sulfato de zinco na fixação e no rendimento das goiabeiras. *Agri. Res. Review,* **59** (3):119-135.

Masalkar, S.D. e Warhal, K.N. (1991). Efeito de vários reguladores de crescimento nas propriedades físico-químicas da bérberis *cv.* Umarn. *Maharastra J. Hort.* **5** (2): 37-40.

Mishra, A.K. e Singh, V.K. (2005). Resolver os problemas nacionais da murcha da goiabeira e da malformação da mangueira. *Indian Hort.* **50** (1):n 25-28.

Mitra, S.K. (1999). In: Tropical Horticulture Vol. I (Eds: T.K. Bose, S.K. Mitra, A.A. Farooqui e M.K. Sandhu) Nayak Prakash, Calcutá, pp. **297-307.**

Pandey, R.C.; Pathak, R.A. e Pathak, R.K. (1990). Alterações físico-químicas associadas ao crescimento e desenvolvimento de frutos em ber (*Zizyphus mauritiana* Lamk.). *Indian J. Hort.* **47** (3): 286-290.

Pandey, V. (1999). Efeito da pulverização de NAA e GAa na retenção, crescimento, rendimento e qualidade da baga cv. Banarsi karaka. *Orrisa J. Hort.* **27:** 1, 69-73. **Lane, J.H. e L. Eynon (1943).** Determinação do açúcar redutor por solução de fehling com azul de metileno como indicador. *J. Soc. Chemi. Ind.,* **42:** 327.

Rajput, C.B.S. e Chaad, S. (1976). Efeito do boro e do zinco na composição físico-química dos frutos de goiaba (*Psidium guajava* L.). *J. National Agri. Soc. Ceylon*, **13**: 4953.

Rajput, C.B.S. e Singh, J.N. (1983). Efeito das pulverizações de ureia e GAa no crescimento, floração e frutificação da manga. *Prog. Hort.* **10** (1/2): 19-22.

Rao, M.M. (1997). Estudos sobre o melhoramento do tamanho dos dedos na banana Munavall. *Research and Development in it crop in Northen Karnatka,* pp. 59-61.

Ratore, D.S. e Singh, R.N. (1976). Padrão de rendimento na cultura de árvores de goiaba (*psidium guajava* L.). *Indian J. Hort.* **33:** 7-13.

Raturi, G.B.; MukherJee, S.K. e Prasad, S.C. (1981). Effect of boron sprays and nemagon treatment on chlorosis, dieback symptom, leaf nutrient status and fruit yield in citurs. *Nat. Symp on Temperate and Sub-tropical fruit crop* during 21st Jan., 1981 held at Banglore, pp 85.

Sharma, R.K.; Kumar, R. e Thakur, S. (1991). Efeito da alimentação foliar de potássio, cálcio e zinco no rendimento e na qualidade da goiaba *Indian J. Hort.*, **48** (4): 312-314.

Shukla, H. S.; Kumar, V.; e Tripathi, V. K. (2011). Efeito do ácido giberélico e do boro no desenvolvimento e na qualidade dos frutos de aonla 'Banarasi'.*Ata Hort.* **890**: 375-380.

Shukla, H.S.; Chaturvedi, O.P.; Mishra, B.K. e Gaur, G.S. (1987). Eficiência da aplicação foliar de azoto, zinco e cobre no crescimento e na qualidade dos frutos da lima kagzi (*Citrus aurantifolia* S.). *Quinto Seminário Nacional de Citrinos realizado na Assam Agri1. Univ.; Jorhat (Assam)* 29th - 31st Jan. (1987). pp. 10.

Sidhu, S.S.; Chahil, B.S.; Brar, M.S. e Ahlawat, B.S. (1980). Efeito do solo e da aplicação foliar de zinco no rendimento e na qualidade do pêssego (*Prunus persica* Batsch). *Haryana J. Hort. Sci.*, **9** (1-2): 47-49.

Sindhu, P.C.; Ahlawat, V.P. e Nain, A.S. (1994). Efeito da pulverização foliar de sulfato de zinco nos sólidos solúveis totais e na percentagem de acidez das uvas cv. Perlette, *Res. Bull, CCSHAU Hissar.*

Singaram, P. e Prabhu, P.C. (2001). Efeito de Zn e B no crescimento e qualidade de uvas cv. Muscat. *Madras Agri. J.* **88** (4-6) : 223-236.

Singh P.N. e Chhonkar, V.S. (1983). Efeito do zinco, boro e molibdénio como pulverização foliar na composição química da goiaba. *Punjab Hort. J.* **23** (1-2): 34-37.

Singh, A.K. (1986). Biochemical changes in rainy season guava (*Psidium guajava* Linn.) fruits as affected by plant growth regulators (GA, NAA and ethrel) thesis M.Sc. (Ag.) submitted to C.S.A.U.A.&T. Kanpur, Índia.

Singh, A.K.; Singh, B.P. e Ram, R.B. (1982). Effect of Giberellic acid on physico-chemical character of Ber fruit. *Bangladesh Hort.*, **10** (1): 47-49.

Singh, D.M. (2002). Studies on foliar feedings of nutrient on yield and quality of anola (*Emblica officinalis* Gaetn.) fruit, Thesis Master of Science in Agriculture (Hort.) N.D.U.A.&.T. Faizabad.

Singh, D.S. e Singh, S.P. (1995). Efeito do azoto, do fósforo e do ácido giberélico no crescimento vegetativo e no rendimento da goiaba cv. Allahabad Safeda. *Research and Development reporter*, **12**:1-2, 35-39.

Singh, K. e Randhawa, J.S. (2001). Efeito de reguladores de crescimento e fungicidas na queda de frutos, rendimento e qualidade de frutos em bérberis cv. *Umran J. Res.*, PAU; **38** (3-4): 181-185.

Singh, M.I. e Chauhan, G.S. (1984). Efeito de vários reguladores de crescimento vegetal na granulação em citrinos cv. Dancy. *Indian J. Hort.*, **41** (3&4): 221-224.

Singh, N. e Shukla, H.S. (1978). Resposta da nespereira (*Eriobotryra japonica* L.) ao GA3 e à ureia. *Plant Sci.* **10** : 77-83.

Singh, R. e Singh, R. (1981). Efeito de GA3, NAA e Ethrel na granulação e na qualidade da tangerina Kaula. *Scientia Horti*, **14** (4): 315-321.

Singh, R.R. e Rajput, C.B.S. (1976). Efeito de vários níveis de zinco no crescimento vegetativo, floração, frutificação e composição físico-química de frutos de manga, *Haryana J. Hort. Sci.* **5** (1-2): 10-14.

Singh, R.S. e Vashistha, B.B. (1997). Efeito da pulverização foliar de nutrientes na queda de frutos, rendimento e qualidade da baga Cv. Seb. *Haryana J. Hort. Sci.* **26** (1-2): 20-24.

Singh, U.P. e Brahmachari, V.S. (1999). Effect of potassium, zinc, boron and molybdenum on the physico-chemical composition of guava (*Psidium guajava* L.) cv. Allahabad Safede. *Orrisa J. Hort.*, **27** (2): 62-65.

Singh, U.R.; Tripathi, J.S. e Tripathi, B.M. (1977). Effect of gibberellic acid on size and quality of mango fruit. *Punjab Hort. J.* **17** (3/4): 120-121.

Singh, V. K. ; Chatterjee, C.; Bhriguvanshi, S. R.; e Yadava, L. P. (2009). Efeito da aplicação foliar de Zn, B e Mn na qualidade dos frutos e no rendimento da manga (*Mangifera indica* L.). *Arquivos de plantas.* **9** (1).

Singh, V. K.; e Tripathi, V. K. (2010). Eficácia do GA3, ácido bórico e sulfato de zinco no crescimento, floração, rendimento e qualidade do morango *cv.* Chandler. *Prog. Agri.* **10** (2): 345348.

Singh, N.T.D; Prasad,V.B; e Collis, J. P.(2012). Efeito da aplicação foliar de zinco e boro no rendimento e na qualidade dos frutos da goiaba (*Psidium guajava* L.).Hort Flora Res. Spec. **1** (3); 281-283. ref.

Stino, G.R.; Khattab, M.M. e Mehena, S.A. (1980). Efeito do ácido giberélico na maturação do fruto da lima. Boletim de investigação, Faculdade de Agricultura. *Ain-Shama Univ*. no. 1244, pp21.

Y adav, D.N.; Chaturvedi, O.P.; Yadav, R.K. e Yadav, S.K. (2004). Efeito de GA3, Zn e Fe na queda de frutos, crescimento e qualidade da baga (*Zizphus maurtiana* Lamk.) cv. Banarasi Karaka. Inter. *Seminário sobre Rec. Tend Hi-Tech Horti & PHT*, Kanpur, 4-6 de fevereiro, 2004-235.

Y adav, I.S. e Pandey, S.N. (1974). Efeito do desbaste dos bagos e da aplicação de GA no rendimento e na qualidade das uvas Pusa Seedless (*V. Vinifera*). *Prog. Hort. J.* **3** : (81-87).

Y adav, R.A. Chaturvedi, O.P. e Tripathi, V.K. (2004). Influência do Zn e do Fe no crescimento, floração, rendimento e qualidade do morango (*Fragaria X ananssa DUCH*) cv. Chandler. Seminário Inter em Rec. Trend Hi-Tech Horti. e PHT, Kanpur, 4-6 de fevereiro de 2004,201.

Y adav, S.; Bhati, S.K.; Godara, R.K. e Rana, G.S. (2001). Efeito da substância de crescimento no rendimento e na qualidade da goiaba cv. L-49 da estação de inverno. *Haryana J. Hort. Sci.* **30**: 1-2, 1-2.

Y amdagai, R.; Singh, D. e Jindal, P.C. (1979). Uma nota sobre o efeito da pulverização de zinco no rendimento e na qualidade das uvas Thampson Seedless. *Indian J. Agric. Res.* **13** (2): 117-118.

" Efeito do sulfato de zinco e do ácido giberélico no rendimento e na qualidade da goiaba (*Psidium guajava* L.) *cv*. Allahabad Safeda"

Resumo

O presente estudo, intitulado **"Efeito do sulfato de zinco e do ácido giberélico no rendimento e na qualidade da goiaba (*Psidium guajava* L.) *cv*. Allahabad Safeda"** foi realizado na Estação Experimental Principal, Departamento de Horticultura, Universidade de Agricultura e Tecnologia Narendra Deva, Narendra Nagar (Kumarganj), Faizabad (U.P.) durante o ano de 2012-2013.

O experimento foi conduzido em delineamento de blocos casualizados com sete tratamentos e repetido em quatro vezes, considerando uma planta como unidade. As observações foram registadas para as caraterísticas físico-químicas e de rendimento dos frutos de goiaba.

O tamanho, peso, volume e diâmetro máximos dos frutos foram registados com a aplicação foliar de GA_3@150ppm. Frutos de melhor qualidade, com maior teor de sólidos solúveis totais, açúcares, ácido ascórbico e baixa percentagem de acidez foram registados com GA_3@150ppm. A produção de frutos também foi registada no máximo com a pulverização combinada de GA_3@150ppm.

No geral, pode concluir-se que a aplicação de GA_3@150ppm foi considerada a melhor para um maior rendimento de frutos, produção e melhor qualidade de frutos de goiaba.

MIX
Papier aus verantwortungsvollen Quellen
Paper from responsible sources
FSC® C105338
FSC
www.fsc.org